L'ART

DE

DÉCOUVRIR LES SOURCES

Propres à donner naissance à des

FONTAINES JAILLISSANTES,

OU MONTANTES DE FOND,

AVEC UN APERÇU
DES DÉPENSES QU'ENTRAINE LEUR ÉTABLISSEMENT ;

OUVRAGE ACCOMPAGNÉ

De planches coloriées représentant les différentes coupes de terrain.

Par Paul Tournier,

INGÉNIEUR CIVIL.

Prix : 1 fr. 25 c.

PARIS,

CHEZ TISSOT, LIBRAIRE, 19, RUE DE LA HARPE.

—

1850.

TABLE DES MATIÈRES.

PRÉFACE.

La découverte des fontaines jaillissantes contribue d'une manière efficace au progrès de l'agriculture ; mais, chose étrange à notre époque de lumière, le flambeau de ce progrès n'a pas encore jeté la moindre lueur dans les communes rurales.

Nous avons cru être utile à ces hommes dont le travail et les sueurs font vivre la majeure partie de la population, en leur indiquant le moyen de se procurer l'eau, qui souvent même leur manque pour leur usage personnel. En effet, il y a un grand nombre de communes qui, pendant trois ou quatre mois de l'année que durent les sécheresses, sont totalement privées d'eau, et chaque habitant est, par ce fait, obligé d'aller tous les matins à une grande distance, avec une voiture à tonneau, faire sa provision pour la journée, tandis que souvent il a à sa porte une source qui serait capable de faire tourner un moulin, si on lui donnait la facilité de monter à la surface du sol.

En publiant ce petit ouvrage, nous avons eu deux buts : le premier, d'apprendre aux propriétaires qui ont besoin d'eau pour améliorer leurs terres, et aux communes qui en manquent, à reconnaître, sans le secours de personne, s'il existe à tel ou tel endroit des sources souterraines propres à donner naissance à des fontaines jaillissantes et les moyens d'apprécier les dépenses que doit entraîner leur établissement. Le deuxième, d'éviter à ces propriétaires et à ces communes des frais de voyage qu'ils sont d'abord obligés de payer pour faire venir sur les lieux ces prétendus chimistes, ou plutot alchimistes hydrauliques, qui prétendent, à l'aide de leur baguette divinatoire et de leur connaissance des métaux, indiquer des sources d'où l'on peut tirer des fontaines jaillissantes, plus une somme de.., à titre de prime, qu'ils se réservent dans le cas où le sondage entrepris d'apres leurs indications aurait un bon résultat.

Pour composer cet ouvrage, nous nous sommes beaucoup aidé de celui de M. Garnier, qui lui a valu le prix de 3000 francs proposé par la Société d'encouragement pour la meilleure instruction et pratique sur l'art de découvrir les fontaines jaillissantes.

Qu'il me soit permis de joindre à ce nom célèbre celui du savant distingué dont les écrits m'ont été d'un grand secours, M. Hericart de Thury, que sa vaste érudition place au premier rang parmi les hommes éminemment instruits de notre époque. Depuis le moment que nous avons commencé à nous occuper spécialement de la recherche des eaux souterraines, nous avons constamment suivi leurs préceptes, et si nous avons obtenu de bons résultats, c'est à leurs lumières que nous les devons.

Nous avons fait tous nos efforts pour présenter avec clarté les principes fondamentaux, d'après lesquels pourront agir toutes les personnes qui voudront connaître l'existence des sources souterraines.

Notre travail est loin d'être parfait ; nous ne le dissimulons pas : il laisse sans doute beaucoup à désirer, mais il a le mérite d'être au niveau de la science.

Si ce premier essai reçoit du public auquel nous le destinons un bienveillant accueil, nous apporterons tous nos soins à l'améliorer.

SONDAGES RELATIFS A LA RECHERCHE DES EAUX SOUTERRAINES EXÉCUTÉS DANS L'ARTOIS ET A QUELLE PROFONDEUR ON EST PARVENU.

On appelle généralement puits artésiens les fontaines jaillissantes que l'on découvre dans toutes les parties de la France, à l'aide de la sonde du mineur ou du fontainier. On attribue cette dénomination aux premières recherches de ce genre entreprises dans l'étendue de terrain que comprend le département du Pas-de-Calais, composé de l'ancienne province d'Artois, du Boulonnais, du Calaisis, de l'Ardrésis et d'une portion très-minime de l'ancienne province de Picardie. Mais il ne faut pas conclure de là que ce soient les premières fontaines jaillissantes connues. Depuis près de deux siècles on connaît les puits forés des environs de Modène et Bologne, et les fontaines jaillissantes de la Basse-Autriche, ainsi qu'une fontaine percée dans le fort Urbin, sous la direction de Cassini, dont l'eau s'élevait au dessus du sol à une hauteur de 15 pieds (4^{m},872).

Il y a une vingtaine d'années les procédés pour établir les fontaines jaillissantes n'étaient encore bien propagés que dans les contrées du nord de la France, mais depuis peu d'années ces recherches se sont multipliées à l'infini tant en France qu'à l'étranger. Nous devons sans doute la découverte de ces fontaines dans l'Artois au peu de difficulté que l'on a eu à surmonter en creusant les puits des environs de Béthune (*Voir la position de cette ville, Pl.* Ire) dans lesquels l'eau se sera élevée jusqu'à la surface du sol. Mais aujourd'hui les recherches des eaux souterraines se font à l'aide de travaux moins dispendieux que ceux qu'exigent les constructions de puits ordinaires, et l'on est parvenu peu à peu à traverser des terrains d'une grande épaisseur par l'invention de divers instruments. A présent, lorsque les localités le permettent, on fait jaillir à la surface du sol des eaux très-limpides et très-pures, et d'une profondeur de plus de 300 pieds (97^{m},44).

NATURE DES TERRAINS DANS LESQUELS LES EAUX SONT CONTENUES.

En examinant avec attention les différentes coupes de terrains représentées dans les *planches II, III, IV, et V*, que l'on a traversées dans les communes d'Ardres, Choques, Annezin, Aire, Merville et Blengel (*Voir la position de ces communes dans la pl.* Ire), on reconnaîtra que les eaux ramenées au jour par la sonde sont toutes contenues dans les fissures de roches crayeuses que recouvrent des couches horizontales de terre végétale, de sable, de cailloux roulés et d'argile plus ou moins grasse. On a également reconnu des successions de couches semblables à celles-ci en creusant les fontaines des environs de ces mêmes communes. Elles ont en outre appris que pour obtenir des fontaines jaillissantes sans de grands travaux, il ne fallait que très-peu s'écarter des lignes ponctuées *abcd* (*Pl. I*[re]), parce que plus l'épaisseur des couches horizontales augmentait en s'éloignant vers le nord-est des communes d'Aire, Saint-Venant, Merville, etc., plus par conséquent le calcaire crayeux s'enfonçait au-dessous de ces mêmes couches.

RAISONS QUI DOIVENT FAIRE RECHERCHER DANS LE DÉPARTEMENT DU PAS-DE-CALAIS LES EAUX MONTANTES DE FOND VERS LA LIMITE DES TERRAINS APPELÉS HAUT ET BAS PAYS.

En considérant sous le rapport géologique le terrain du département du Pas-de-Calais, nous sommes à même d'expliquer facilement et d'une manière générale, quelles sont les causes qui s'opposent à ce que les travaux qu'exige la découverte de ces eaux au delà de la ligne ponctuée *abcd* soient aussi faciles à exécuter que ceux que l'on entreprend près de cette ligne.

En examinant avec attention le terrain de ce département en partant de Doulens et en se dirigeant vers la ligne ponctuée *nopq*, il sera facile de remarquer qu'il est presque totalement composé de calcaire crayeux, moins une partie qui est formée de roches d'une époque bien antérieure désignée par la ligne ponctuée passant par les communes de Landrethun, Colombert, Desvres et Neuchâtel. Il est en plus facile de remarquer que les caractères minéralogiques de ce calcaire étant absolument semblables à ceux qui distinguent la craie du bassin de Paris, n'est que le prolongement du plateau de calcaire qui, sortant de dessous les sables de la Beauce, s'étend dans tous les sens pour former le sol de la Normandie, de la Picardie et de la Champagne. Dans le département du Pas-de-Calais, à Blanc-Nez surtout, on voit ce même calcaire (*Pl. I*re) se présenter sous l'aspect de très-grands escarpements verticaux, et en masses qui n'offrent dans cet endroit qu'une stratification très-peu distincte. On y trouve une très-grande quantité de pyrites ferrugineuses, mais il ne contient presque pas de silex pyromaques. Des puits creusés dans d'autres localités pour en extraire ce calcaire crayeux ont fait reconnaître que sa masse est divisée en bancs horizontaux de deux ou trois pieds (0m,650 à 0m,975) par des lits de silex pyromaques tuberculeux presque toujours gris noirâtre, et que cette masse conserve à peu près les mêmes caractères minéralogiques. On a en outre remarqué dans d'autres endroits des couches de même nature composées de la même substance que ces silex, ayant trois ou quatre pouces (0m,081 à 0m,108) d'épaisseur, et s'étendant sur un grand espace et avec une régularité parfaite. Dans toutes les parties du département du Pas-de-Calais situées au sud-ouest de la ligne ponctuée *abcd*, dont la direction moyenne est à peu près nord-ouest, sud-est, ce calcaire crayeux s'y montre presque à la surface du sol. Les plateaux les plus élevés qu'il forme sont entrecoupés par de nombreuses petites vallées qui divisent pour ainsi dire en mamelon l'étendue de pays que nous considérons. Presque toujours la terre végétale dont il est recouvert est de très-peu d'épaisseur, et l'aspect général de cette partie du département communément appelée haut pays présente parfaitement tous les caractères géologiques d'un terrain secondaire composé de couches de calcaire crayeux dont la texture et la couleur n'offrent que des variations très-légères.

En examinant le pays qui se trouve au nord-est de la ligne ponctuée *abcd* on remarque que l'aspect tant intérieur qu'extérieur est tout différent de celui que nous venons de décrire. En effet il ne présente, à partir de Dunkerque, Habsbourg, Lille, etc. qu'une immense plaine dont l'œil ne peut embrasser les limites et qui n'est que le commencement de cette grande étendue de terrains plats qui forme le sol de la Hollande, de la Basse-Allemagne et de la Pologne. Dans ces terrains qui sont parfaitement nivelés on ne peut rencontrer aucune espèce de roche qui puisse faire établir quelques rapports de formation entre ce pays et celui connu sous le nom de haut pays.

Les sondages entrepris jusqu'à Gand et Anvers n'ont fait connaître dans cette étendue de terrain, comme nous l'avons déjà dit, que des couches horizontales de terre végétale plus ou moins épaisses, de sable, d'argile plus ou moins dure, presque toujours siliceuse et contenant presque toujours des pyrites ferrugineuses disposées le plus souvent par des lits d'une très-petite épaisseur. On s'est assuré dans tous les endroits où l'on a poussé des sondages à une grande profondeur, que ces couches recouvrent immédiatement le calcaire crayeux, et que par conséquent ces mêmes couches doivent sans nul doute appartenir à ces terrains de nouvelle formation. Les couches qui existaient antérieurement ayant été détruites et les débris ayant été longtemps chariés et tourmentés par les eaux, se sont sans doute déposés ensuite tranquillement au fond des mers ou d'immenses lacs pour former les couches horizontales dont nous venons de déterminer la composition.

On voit d'après ces observations que la direction *abcd* peut être considérée comme la limite du haut et du bas pays, et que c'est à partir de cette direction que commencent à paraître les terrains de nouvelle formation. Elles font connaître en outre que ces terrains en s'adossant sur le penchant des collines qui termine le haut pays, recouvrent le calcaire crayeux qui disparaît vers cette limite, et s'enfonce à des profondeurs plus ou moins grandes sous ces mêmes terrains auxquels il sert de base. A mesure qu'on s'éloigne vers le nord-est de la ligne *abcd*, la profondeur à laquelle on le rencontre, quoique devenant généralement de plus en plus grande, paraît être cependant très-variable dans une faible étendue de terrain. Tous les sondages que l'on a exécutés à Béthune ont prouvé qu'en effet ces terrains de nouvelle formation n'ont dans cette localité que soixante-dix à quatre-vingts pieds ($22^{m},736$ à $25^{m},984$) d'épaisseur, pendant que le calcaire crayeux, que l'on nomme improprement marne dans le pays, puisque l'analyse chimique n'y a fait découvrir que des traces imperceptibles d'alumine, est à plus de deux cents pieds (44^{m},96) au-dessous du sol, seulement à deux lieues au nord de cette ville, et cependant il est à peu de chose près de niveau avec celui de cette localité. Ce n'est pas seulement près de Béthune que se fait remarquer cette variation dans la position du calcaire crayeux relativement à la surface du sol, elle se fait également remarquer du côté de Lillers, Aire, Saint-Omer, etc. On concevra facilement, en réfléchissant à la formation par couches horizontales des terrains dont il est ici question, que les inégalités existantes dans la partie supérieure du terrain crayeux ne se font nullement apercevoir à la superficie du sol.

Il est facile, d'après la constitution géologique du département du Pas-de-Calais, de se rendre compte des motifs qui ont principalement engagé à exécuter les travaux de recherche des fontaines montantes de fond dans l'étendue de pays qui s'étend le long de la limite *abcd*. Pour en découvrir, il ne s'agit en effet que de percer les couches imperméables d'argile qui sont situées à la jonction du terrain de nouvelle formation avec la superficie du calcaire crayeux. Il s'ensuit que dans les endroits où commence l'intersection de ce terrain avec le penchant des collines de calcaire crayeux dont le haut pays est formé, on sera pour ainsi dire certain de rencontrer ce calcaire à peu de profondeur, et c'est ce que l'expérience prouve.

RECHERCHES DES EAUX SOUTERRAINES AU-DESSOUS DES VALLÉES DU HAUT PAYS.

D'après ce que nous avons dit, on pourrait s'imaginer que l'on ne peut rencontrer de fontaines jaillissantes, ou au moins montantes de fond, qu'à partir de la limite *abcd*, et en se dirigeant vers le nord-est; mais il n'en est pas ainsi : on peut également rechercher avec succès des eaux souterraines dans le fond des vallées du haut pays, attendu que les eaux se répandent, comme nous le verrons ci-après, dans les fissures du calcaire crayeux. Trois sondages près les uns des autres (*Voyez pl. VI*) sont exécutés dans la vallée de la Ternoise à Blengel

(*Pl. Ire*); le premier, qui est poussé jusqu'à la profondeur de 50 pieds (16^{m},25) ; ne donne pas d'eau, le deuxième, quoique poussé jusqu'à 80 pieds (25^{m},984) n'en donne pas davantage, mais il est vrai qu'il n'a pu être continué, parce que les ouvriers peu habiles n'ont pas su retirer la sonde qui s'était cassée en s'engageant dans des silex ; le troisième, arrivé à la profondeur de 100 pieds (32^{m},50), ne paraissait également donner aucune espérance, et allait être abandonné; mais ayant été poussé de 10 pieds (3^{m},248), dans une terre bleuâtre très-collante, dont la partie inférieure est jaunâtre et marneuse, on a rencontré l'eau, qui a remonté jusqu'à la surface du sol. Il est donc évident, d'après ces données, que ces eaux ne se seront élevées un jour que parce qu'on leur a donné la facilité de traverser la couche argileuse qui les retenait captives au-dessous de la masse calcaire reconnue par trois sondages successifs.

Il faut remarquer, dit M. Garnier, que l'on ne peut trouver de fontaines montantes de fond dans le haut pays, qu'en établissant les travaux de recherche au fond des vallées qui y ont été creusées par l'action érosive des eaux, parce que s'ils étaient situés au-dessus du plus bas fond de ces vallées, on augmenterait alors, à mesure qu'on s'élèverait sur leurs flancs, la distance qui existerait entre la surface à laquelle l'eau se tiendrait stationnaire et celle où seraient situés les travaux de sondage.

MOTIFS QUI PROUVENT QUE LES TRAVAUX DE RECHERCHE DOIVENT TOUJOURS ÊTRE POURSUIVIS JUSQUE DANS LES COUCHES DE CALCAIRE CRAYEUX.

Suivant les différentes coupes de terrain que l'on a traversées dans le département du Pas-de-Calais, et que nous avons fait connaître, on voit que pour rencontrer les eaux souterraines l'on a toujours été obligé de pénétrer jusqu'au calcaire crayeux, et que ces eaux ne sont contenues que dans ce seul terrain.

En comparant ce calcaire à celui de nouvelle formation, et en réfléchissant à son gisement, les raisons en sont faciles à saisir ; en examinant toutes les coupes rapportées dans les *Pl. II, III, IV, V et VI*, on aura la preuve que ce calcaire est toujours, dans le bas pays comme dans le haut recouvert par des couches horizontales principalement composées d'une argile dure, compacte et de même nature, qui possède à un haut degré la propriété d'être imperméable à l'eau. Il est donc évident que les eaux situées au-dessous de ces couches argileuses seront toujours comprimées toutes les fois que ces mêmes couches s'étendront à une grande distance, et qu'elles ne pourront trouver d'écoulement qu'en suivant la partie inférieure.

Les eaux qui proviennent des pluies, des rivières ou des ravins situés dans le haut pays doivent par conséquent, d'après la configuration du département du Pas-de-Calais, se répandre dans les fissures de calcaire crayeux qui s'étendent dans toutes les directions possibles, leur donnant la facilité de s'infiltrer au-dessous des couches des terrains de nouvelle formation dont il est recouvert. Il en résulte alors qu'elles remplissent ces fissures, puisqu'elles ne peuvent trouver d'issue pour s'échapper au moins en entier, et sont en conséquence forcées d'y séjourner et d'éprouver dans la vitesse dont elles peuvent être d'abord douées un ralentissement d'autant plus grand que les couches horizontales d'argile, au-dessus du calcaire crayeux, sont plus étendues, et que les issues par lesquelles ces eaux peuvent se répandre au jour sont plus éloignées et plus étroites. En perçant les couches argileuses, il est donc alors certain qu'elles s'élancent, à partir de l'endroit où elles exercent leur plus forte pression contre ces couches, et avec une vitesse proportionnée à cette pression, et qu'elles s'éleveront à une hauteur d'autant plus grande que la différence entre la vitesse qu'elles acquerraient en raison de la hauteur totale du réservoir, et celle qu'elles ont au moment où elles paraissent au jour par des ouvertures naturelles, sera plus petite. Elles s'éleveront à une hauteur égale à celle qui existerait entre les points d'ou elles s'infiltrent dans le sein de la terre, et ceux d'ou elles commencent à s'élancer, dans le cas où elles n'auraient aucune vitesse, comme par exemple si elles étaient retenues captives dans le fond d'un bassin. D'un autre côté, pour que ces eaux jaillissent à la surface du sol, il faut que des terrains compactes se trouvent au-dessous du calcaire crayeux, afin qu'elles ne puissent pas se répandre en profondeur, soit dans le calcaire crayeux, soit dans d'autres terrains inférieurs, ou que cette roche ne contienne plus de fissures dans ses parties inférieures; or c'est ce qui existe dans beaucoup d'endroits. On n'a pu, en effet, suivant de nombreuses observations recueillies dans plusieurs localités, et particulièrement à Mouchy-le-Preux et à Valenciennes, se convaincre que des terres argileuses très-compactes se trouvaient au-dessous du calcaire crayeux. M. D'Aubuisson, dans son traité de Géognosie, les comprend même dans la formation crayeuse, qui consiste à Valenciennes en une alternative de couches de calcaire et d'argile. Cet auteur désigne ainsi une succession de couches que présente la formation des terrains secondaires de Valenciennes, qui recouvre le terrain houiller proprement dit :

Terre végétale.		
Craie arénacée et marneuse.	5	mètres.
Craie chloritée, divers bancs.	10	
Calcaire crayeux, pierre de taille.	3	
Craie avec beaucoup de silex noir. . . .	15	
Argile bleuâtre glaise.	2	
Craie grossière un peu marneuse.	3	
Argile.	2	
Craie grossière.	3	
Argile.	2	
Craie grossière.	3	
Argile plastique (dief dans le pays). . . .	20	
Poudingue, grains et fragments de silex, ciment calcaire tourtia (dans le pays) . . .	2	
Epaisseur totale	70	mètres.

Il n'y a que quelques différences entre les terrains de Mouchy-le-Preux et ceux de Valenciennes, mais cependant on remarque qu'ils sont composés comme ces derniers de couches argileuses, au-dessus desquelles sont immédiatement situés des bancs de calcaire crayeux. M. Bonnard, inspecteur divisionnaire des mines, désigne ainsi la composition des terrains de Mouchy-le-Preux :

Argile sableuse d'un jaune brun.	6	mètres.
Craie marneuse propre à faire de la chaux et à bâtir.	40	
Marne plus grise, sableuse, dans laquelle on a établi le premier picotage.	6	
A reporter.	52	

	Report.	52	
Bleu.		42	
Dièves.		52	
Tourtia.		1	40
Terre noire vitriolique et bitumineuse. .		4	60
Schistes et grès.		20	
Epaisseur totale des terrains reconnus.		172	mètres.

En Angleterre, dans les environs de Londres, on a remarqué que les calcaires crayeux recouvraient presque toujours des argiles et des sables. Ces argiles sont souvent marneuses, mais quelquefois tres-tenaces. Elles sont d'une formation bien antérieure à celles qui recouvrent constamment la craie, et malgré qu'elles paraissent avoir des caractères identiques à ces dernières, cependant leur gisement leur assigne une place différente dans l'âge relatif des roches, lequel ne pourrait être apprécié si l'on ne considérait que leurs caractères minéralogiques.

Cette alternative de couches argileuses avec la craie est encore prouvée par la coupe de terrain représentée dans la *pl. VI.* Il n'est pas moins vrai, même en supposant que la couche *abcd* que l'on a traversée soit très-marneuse, qu'elle a la propriété de s'opposer parfaitement au passage des eaux situées dans le calcaire qu'elle recouvre.

EXPÉRIENCES QUI TENDENT A PROUVER QUE LES EAUX SOUTERRAINES DU HAUT PAYS ONT LEUR PENTE DIRIGÉE VERS LE BAS PAYS.

Les eaux se répandent, comme nous l'avons dit, dans le département du Pas-de-Calais, à partir du haut pays, à l'aide de fissures sans nombre dont sont traversées les couches de craie, et qui ayant entre elles différents points de communication, facilitent l'infilation de ces mêmes eaux jusqu'au-dessous des terrains du bas pays. On a fait à Béthune quelques expériences qui peuvent ajouter un nouveau degré de certitude à cette opinion, et qui donnent en outre la preuve que les eaux des fontaines jaillissantes des environs de cette ville, de Choque, de Lillers, etc., proviennent du pays situé au sud-ouest de la ligne ponctuée *abcd*.

C'est sur deux fontaines creusées près de la place d'arme, peu éloignées l'une de l'autre, et situées sur une ligne qui passerait par cette ville et celle de Saint-Pol, que ces expériences ont eu lieu. En les faisant, on avait pour but de déterminer quelle pouvait être la direction de la pente des eaux qui donnent naissance à ces fontaines; on a fait donner plusieurs coups de piston dans les bases de celle qui est au sud-ouest de la seconde. L'eau qu'elle produisit, au lieu d'être transparente, les pierres calcaires ramenées par la force d'aspiration lui firent acquérir une couleur laiteuse. Les eaux produites par la seconde fontaine acquirent également, au même instant, une couleur semblable. Or, d'après ce simple fait, il est constant que les eaux de ces deux fontaines communiquent ensemble, et que leur pente se dirige du sud-ouest au nord-est. On a aussi remarqué que si on réduit l'ouverture de la première de ces fontaines, de manire à ne laisser qu'une petite issue à l'eau qui tend à s'échapper avec une certaine force par l'ouverture qu'on lui donne ordinairement dans un même intervalle de temps, le volume d'eau produit par la seconde fontaine est beaucoup plus considérable. On a creusé à Lillers plusieurs fontaines disposées dans le même ordre que celles dont nous venons de parler, qui ont donné le même résultat; il n'y a donc pas à douter que la pente des eaux souterraines auxquelles ces fontaines sont dues s'opère en allant de Béthune, Lillers, Choque, vers Saint-Venant, Merville, etc., et de plus qu'elles proviennent des terrains situés au sud-ouest de la ligne qui sépare le haut et le bas pays. Dans l'arrondissement de Saint-Pol, du côté de Fiefs, Nédonchelles, etc., il arrive de temps en temps des enfoncements dont on n'a point expliqué la cause; ils sont sans doute dus à l'infiltration journalière des eaux qui alimentent ces fontaines, infiltrations qui produisent à la longue des effets tellement extraordinaires qu'ils ne paraissent nullement en rapport avec la faible cause à laquelle on les attribue; mais cette cause peut être ici comparée à l'action continue d'une force dont les effets finissent toujours par surpasser ceux produits par une autre force, quelque grande qu'elle soit, si l'action de cette dernière n'est qu'instantanée.

UTILITÉ DE LA DESCRIPTION GÉOLOGIQUE DU DÉPARTEMENT DU PAS-DE-CALAIS POUR AVOIR DES IDÉES PRÉCISES SUR LES FONTAINES JAILLISSANTES.

Afin d'avoir des idées précises sur les fontaines jaillissantes, nous avons cherché à décrire avec détail la constitution géologique du département du Pas-de-Calais, parce que cette localité nous semble une des plus intéressantes à examiner ; mais, pour faire voir que les faits déduits de cette localité peuvent être généralisés, nous remarquerons que des fontaines semblables, construites dans les environs de Boston, en Amérique, sont alimentées comme celles du Pas-de-Calais par des eaux qui proviennent du calcaire crayeux, et nous remarquerons, en outre, qu'à Scheerness en Angleterre, au confluent de la Medway et de la Tamise, les travaux qu'on y a exécutés ont également prouvé qu'il existait à 350 pieds (113^{m},68) au-dessous de bancs argileux du calcaire crayeux contenant des eaux très-pures et très-limpides. Elles s'élevèrent à la hauteur de 344 pieds (111^{m},731) aussitôt que l'on eut percé dans cet endroit la couche argileuse qui les comprimait, mais ensuite elles redescendirent et se tinrent stationnaires à 120 pieds (38^{m},976) au-dessous de la surface du sol. Ce mouvement ascensionnel provenait sans doute de l'oscillation qu'elles éprouvèrent lorsqu'on détruisit la pression qu'elles exerçaient contre les couches argileuses superposées au calcaire. Le puits que l'on a ouvert peut être, en effet, considéré comme une des branches d'un siphon dont les fissures souterraines forment l'autre branche. On sait que le terrain traversé à Scheerness est rangé dans la classe des terrains de nouvelle formation ; il a beaucoup d'analogie avec ceux qui recouvrent le calcaire crayeux du département du Pas-de-Calais. En effet, il est principalement composé de sable de différentes couleurs, mélangé de terre verte et de silex roulé d'argile très-tenace et semblable à quelques variétés de celles que représentent les coupes de terrains dont nous avons parlé. Cette argile est souvent mêlée de terre verte, de sable ; quelquefois elle renferme, avec des pyrites ferrugineuses, des morceaux de calcaire comme celle traversée à Aire. Voyez l'épaisseur de cette argile (*Pl. IV*, 9e couche). Il est donc démontré que, sous le rapport géologique, ces localités se ressemblent parfaitement, et que les eaux qu'on y rencontre sont toutes renfermées de la même manière dans la couche de calcaire crayeux sur laquelle reposent les terrains de nouvelle formation que nous avons décrits.

DES EAUX SOUTERRAINES DE PARIS.

Les renseignements recueillis par M. Héricart de Thury sur les différentes espèces de terrains qu'ont fait reconnaître les sondages entrepris près de Paris, à la barrière de Fontainebleau, et à la papeterie de Courtalin près de Coulommiers, département de Seine-et-Marne, tendent à prouver que les eaux les plus abondantes et les meilleures qu'on recherche dans le sein de la terre sont situées dans le calcaire crayeux, au-dessous de terrains dont les formations sont analogues à celles que nous avons rapportées dans le précédent paragraphe. Dans le puits foré de la brasserie de la Maison-Blanche, à la barrière de Fontainebleau, on a reconnu sur une hauteur de 39 mètres 50 centimètres les différentes couches de terrains qui recouvrent le calcaire crayeux dont le fond du bassin de Paris est formé.

Voici le détail des différentes couches de terrains :

Glaises et sables de la formation des glaises.	Terre, sable et gravier. . . .	3m	82
	Marne spathique.	0	81
	Marne à coquilles marines. .	1	22
	Roches.	0	65
	Haut banc.	0	65
	Bancs exploités par les carriers.	2	60
	Lambourdes.	3	41
	Grand coquiller blanc.	2	53
	Grand coquiller rouge. . . .	2	08
	Banc coquiller nacré.	1	46
	Banc coquillé chlorité.. . . .	1	11
	A reporter.	20	32

	Report.	20	32
Marnes calcaires et formation du calcaire marin.	Glaise bleue, dite reteinte. . .	3	25
	Glaise blanchâtre.	1	95
	Glaise verdâtre.	1	95
	Glaise grise-rouge panachée.	1	62
	Glaise grise, dite la belle. . .	1	62
	Glaise noire pyriteuse.	0	97
	Banc gris-noir pyriteux. . .	0	53
	Sable siliceux argileux, alternant avec des veines de glaise sableuse d'un gris noirâtre..	7	47
		39m	70

Immédiatement au-dessous de tous ces terrains existe la grande formation de calcaire crayeux dont l'épaisseur est inconnue.

Les eaux trouvées dans les couches argileuses, et réunies au fond d'un puits dont on a élevé la maçonnerie sur un fort rouet de charpente établi à peu près au milieu de la dernière couche de glaise noire pyriteuse reconnue, ne pouvant suffire aux besoins auxquels on les destinait, on résolut de pousser le sondage jusqu'à ce qu'on pût en trouver de plus abondantes. On perça d'abord un banc noir argilo-pierreux et pyriteux, d'une très-grande dureté, de 0m,33 d'épaisseur, et aussitôt qu'on l'eut traversé, la sonde, d'après les propres expressions de M. Héricart de Thury, comme si elle eût échappé des mains des ouvriers, glissa tout à coup de 7m,47 de hauteur, ainsi qu'elle eût pu le faire si elle fût tombée, ou si elle se fût perdue dans une fente profonde. C'est à la manivelle, qui était passée dans l'œil de la première tige, que ces ouvriers durent sa conservation; car, sans cet obstacle qui l'arrêta au fond du puits où ils se trouvaient placés, elle fût probablement tombée à une grande profondeur, puisqu'ils ont déclaré: 1° que cette sonde, lorsqu'ils voulurent la retirer, leur paraissait tombée dans un vide; 2° qu'elle ne portait point sur un terrain ferme ou solide par sa partie inférieure; et 3° qu'elle était agitée ou mise en mouvement ainsi qu'elle aurait pu l'être par un fort courant. Ce ne fut qu'avec beaucoup de peine qu'ils parvinrent à la retirer; déjà l'eau les gagnait et gênait les mouvements ; mais aussitôt qu'ils eurent enlevé la sonde et qu'ils eurent entièrement dégagé l'orifice du coffre, il jaillit tout à coup dans le puits par-dessus leurs têtes, à près de 10 mètres de hauteur, un volume d'eau considérable dont la force et l'abondance étaient telles qu'ils eurent à peine le temps de se faire enlever, et qu'ils furent obligés de laisser au fond du puits sondes, tiges, instruments, outils et tous les déblais du sondage. Si, au lieu de rechercher des eaux centrales à l'aide de travaux dispendieux que l'on a entrepris à la barrière de Fontainebleau, on eût d'abord commencé les sondages à la surface du sol, et qu'on eût exécuté les travaux qui font l'objet de cet ouvrage, les ouvriers n'eussent été exposés à aucun danger; les eaux retenues dans des buses eussent constamment été limpides, et les dépenses n'eussent point été comparables à celles que l'on a faites.

Ces eaux, qui se tiennent constamment à 12 mètres au-dessus du rouet qui sert de base à la maçonnerie, proviennent, ainsi que celles que l'on a recherchées dans différents pays et surtout dans les départements de la Somme, du Pas-de-Calais et du Nord, du calcaire crayeux que recouvrent toutes les formations de terrains que nous venons de faire connaître, et qui ne diffèrent de celles de la partie basse de la Flandre que parce que, dans cette contrée, la grande formation de marnes calcaires et de calcaire marin n'existe pas. Quant aux formations argileuses, elles sont absolument de même nature.

Les résultats que nous venons de rapporter sur les recherches entreprises à la barrière de Fontainebleau nous font penser : 1° que les différentes eaux que recèlent les six ou sept couches de glaises situées au-dessous de la formation du calcaire marin ne proviennent que d'un suintement successif à travers les terrains qui sont superposés à ces mêmes couches; 2° qu'elles n'ont sans doute aucune communication avec celles qui ont jailli à 10 mètres au-dessus de la tête des ouvriers sondeurs qui se trouvaient au fond du puits, puisque ces premières eaux ne se tiennent stationnaires qu'à 5 mètres environ au-dessus du fond de ce puits, lequel a été approfondi jusqu'à 31m,95 au-dessous du sol de la brasserie, tandis que les eaux du calcaire crayeux s'élèvent à plus de 10 mètres au-dessus du fond de ce même puits ; 3° que si ces eaux du calcaire se sont rencontrées dans la couche de sable silicеux argileux, c'est qu'il est probable que de petites fissures d'abord existantes dans la partie inférieure de cette couche, et dans lesquelles l'eau s'élevait en opérant une pression continuelle à leur partie supérieure, se sont étendues et prolongées par suite de cette pression jusqu'à la naissance du banc gris-noir pyriteux ; qu'alors les eaux de ce calcaire crayeux se seront répandues dans la couche de sable argileux, et ne se seront arrêtées que parce que le banc noir pyriteux contre lequel elles exerçaient leur pression a la propriété d'être imperméable.

Nous pensons en outre, puisque les eaux provenant du calcaire crayeux se tiennent à un niveau plus élevé que celui des eaux que l'on a rencontrées dans les couches de la formation glaiseuse, qu'on doit présumer non-seulement que celles-ci n'ont point de communication avec celles de ce calcaire, comme nous venons de le dire, mais encore que les co .ches argileuses, après différentes variations dans leur allure, se montrent sans doute au jour à une distance indéterminée du puits de la brasserie, et qu'enfin les eaux obtenues en dernier lieu, et qui proviennent du calcaire crayeux, ne s'y seront répandues que par des fissures existant au delà de l'affleurement des couches argileuses, et dans lesquelles elles ne s'étendent point.

Les sondages entrepris à la papeterie de Courtalin ont fait connaître la nature des différents terrains sur une épaisseur de 42 mètres.

Toutes les couches traversées jusqu'à la profondeur de 26 mètres sont composées de sables, d'argile plus ou moins dure et de différentes marnes. Au-dessous de ces mêmes couches on a trouvé une masse crayeuse de 16 mètres, divisée par de petits bancs de silex ou de gravier. Les eaux qu'on y recherchait et qu'on a retenues dans des buses ont jailli au moment où la sonde est entrée dans la marne crayeuse, et se sont élevées jusqu'à 1m 30 de la surface du sol. Ainsi cette fontaine a donc été établie dans des terrains semblables à ceux dans lesquels on doit rechercher les eaux souterraines que l'on veut ramener au jour.

INSALUBRITÉ DES EAUX SITUÉES ENTRE DES COUCHES ARGILEUSES ; INCONVÉNIENT DE LEUR MÉLANGE AVEC CELLES DES COUCHES DE CALCAIRE CRAYEUX.

On rencontre souvent, lorsqu'on entreprend des sondages pour établir des fontaines jaillissantes, des masses d'eau considérables qui proviennent des couches supérieures au calcaire crayeux ; mais ces eaux, dont le goût et l'odeur sont presque toujours désagréables, ne sont point celles que l'on veut obtenir. Elles ne sont point descendues des lieux élevés d'où partent celles qui sont contenues dans les fissures de ce calcaire. Elles n'éprouvent pas d'ailleurs une pression assez forte pour parvenir au jour, parce qu'elles ont simplement transsudé à travers les couches horizontales des terrains de nouvelle formation. Ces dernières eaux, en traversant les couches d'argile dans lesquelles se trouvent, à peu de distance les uns des autres, des groupes de pyrites ferrugineuses, sont souvent viciées et ne peuvent être d'aucun usage. Les travaux de sondage que l'on entreprend pour se procurer des fontaines jaillissantes ont-ils aussi toujours pour but principal d'isoler ces eaux corrompues de celles qu'on rencontre dans le calcaire. Ces dernières sont ordinairement d'une limpidité parfaite, très-saines, très-légères, et n'éprouvent presque jamais de variation dans leur nature. Les différentes analyses chimiques auxquelles elles ont été soumises n'y ont fait connaître qu'une très-faible quantité de sels à base de chaux, les seuls qui cependant pourraient en altérer la pureté.

Ce ne serait pas un motif de ne pas rechercher les eaux qui sont directement au milieu des calcaires crayeux, quand même celles qui sont situées au-dessus de ces terrains seraient pures et limpides, et en effet la vitesse des premières diminuant continuellement par suite des frottements qu'elles éprouvent en traversant de nombreuses fissures et souvent très-étendues, sont beaucoup moins dépendantes de l'influence atmosphérique que celles qui ne proviennent que de localités peu éloignées, leur volume éprouvera donc dans des temps de sécheresse d'autant moins de variations que les terrains au milieu desquels ces eaux filtreront seront à une plus grande profondeur.

OBSERVATIONS SUR LES ROCHES CRAYEUSES : RAISONS DÉDUITES DES PARAGRAPHES QUI PRÉCÈDENT ET QUI PROUVENT QU'ON NE DOIT RECHERCHER DES EAUX SOUTERRAINES QUE DANS CES ROCHES.

Nous ferons remarquer, avant de terminer les observations qui nous serviront à établir les principes du sondeur fontainier, que les roches de calcaire situées au-dessous des terrains de nouvelle formation sont les seules dans lesquelles on doive rechercher des eaux souterraines. Il suffit en effet, comme nous l'avons dit, qu'une couche perméable soit contenue entre des couches sensiblement imperméables pour donner lieu à des fontaines jaillissantes; et on doit conclure d'après les faits que nous avons rapportés, que si la couche perméable présente des affleurements dans des lieux élevés qui lui permettent de recevoir les eaux extérieures des pluies, des rivières, des ravins, et qu'elle se propage ensuite entre les couches imperméables en descendant dans les lieux plus bas sans que ces eaux aient d'issue pour s'échapper au moins en entier, il suffira de percer la couche supérieure imperméable pour obtenir dans ces lieux des fontaines montantes de fond et même jaillissantes au-dessus du sol, et de garantir l'épanchement des eaux le long de la paroi du trou ascendant. Or puisque ce sont là les conditions qu'il faut rencontrer pour obtenir des fontaines, on comprend très-bien, d'après les différentes natures de terrains que nous connaissons, que le calcaire est le seul dans lequel on devra rechercher des eaux souterraines.

Il ne faut cependant pas conclure d'après ce que nous venons de dire, que le calcaire crayeux soit la seule roche dans laquelle on doive rechercher des eaux souterraines et qu'il ne peut en exister dans d'autres roches. Nous entendons seulement en nous exprimant ainsi que les recherches doivent être entreprises principalement dans les calcaires crayeux, puisqu'ils renferment généralement de nombreuses fissures qui donnent passage à des eaux pures et limpides, et que ces recherches seraient trop hasardées si on les entreprenait dans des terrains qui n'auraient pas d'analogie avec ceux que l'on range dans la formation générale des craies. M. l'ingénieur des mines de Gurgan a établi à Creutzwald, département de la Moselle, un sondage dans un grès rouge, pour atteindre le terrain houiller de la Serre, distant de deux lieues ; 93 mètres de grès rougeâtre, souvent très-ébouleux, ont été traversés par ce sondage. On a descendu, pour soutenir les parois du trou de sonde, 50 mètres de tuyaux en tôle parfaitement soudés. Ce trou de sonde parvenu à une profondeur de 40 mètres, a donné naissance à une source jaillissante qui produit onze mètres cubes d'eau par heure, sans qu'on y ait remarqué de changement de terrain.

Les grès d'où partent ces eaux sont sans doute comme ceux de Shenekin, très-fendillés, mais néanmoins ils peuvent être contenus entre des couches imperméables à l'eau, et à ce sujet on doit remarquer qu'on a souvent reconnu que des terrains présentaient une parfaite imperméabilité à l'eau, quoique n'étant pas argileux. Dans les calcaires crayeux, par exemple, on rencontre souvent des couches parfaitement homogènes, sans fissures, et qui contiennent entre elles d'autres couches fendillées de la même roche et remplies d'eau Or, ces couches de calcaire imperméables peuvent très-facilement donner lieu à l'établissement de fontaines jaillissantes.

Nous avons démontré que le calcaire crayeux se trouve à raison de son gisement souvent contenu entre des couches argileuses imperméables ; que de plus, dans les parties de pays les plus élevées, les affleurements de ce calcaire y paraissent souvent au jour et qu'il se prolonge ensuite indéfiniment dans les lieux les plus bas ; qu'enfin il est traversé dans toutes sortes de sens par des fissures sans nombre, qui permettent à l'eau de s'y répandre et d'y circuler avec une grande facilité.

Pour donner plus de poids à ce que nous avons avancé relativement à ces fissures nous citerons les observations de M. Gillet de Laumont, inspecteur général des mines. Il a reconnu en examinant les grottes de Rancogne, situées dans le département de la Charente, qu'elles doivent leur origine aux deux rivières portant les noms de Bandiot et de Tardoin, dont les eaux se perdent dans les fentes de roches calcaires. On peut parcourir pendant l'espace de deux lieues sous terre les excavations que produisent ces rivières et qui communiquent les unes aux autres. Les ruisseaux qu'elles renferment sont capables de faire tourner des moulins ; des grottes et des cavités immenses dans lesquelles l'infiltration des eaux produit des stalactites et des stalagmites gigantesques ; en entraînant continuellement avec elles des parties calcaires elles augmentent ces cavités et produisent quelquefois des éboulements considérables. A quelques lieues de là, dans une vallée inférieure, ces eaux donnent ensuite naissance à plusieurs fontaines jaillissantes naturelles au-dessus de quelques flaques d'eau qu'elles alimentent, et sortent à peu de distance au pied d'un rocher très-élevé pour former la rivière de Touvres, qui à 2,400 mètres de sa source fait tourner douze à quinze roues hydrauliques de la belle fonderie à canons de Ruelle près Angoulême. Dans le département du Pas-de-Calais, on remarque un autre fait qui a de très-grands rapports avec ceux que nous venons de citer : c'est que des jets d'eau sortent avec une grande vitesse des fentes de calcaire qui sont en bas de l'énorme escarpement vertical du cap Blanc-Nez et en détruisent peu à peu la partie inférieure ; il est donc certain que ces eaux proviennent de montagnes éloignées, et que par une suite continue de fissures existantes dans le calcaire de ces montagnes elles se répandent dans toutes sortes de sens et se montrent au jour à Blanc-Nez parce que l'escarpement qui y existe leur en a donné la facilité. On a acquis la preuve dans plusieurs endroits, que les eaux souterraines que l'on cherche à faire jaillir à la surface du sol, et qui proviennent des lieux plus ou moins éloignés, ont un écoulement direct dans la mer. Nous citerons, à ce sujet, un passage d'un mémoire intéressant lu à la société d'encouragement par M. Baillet, inspecteur divisionnaire des mines, sur certaines fontaines jaillissantes découvertes avec la sonde dans les environs d'Abbeville. La fontaine forée de Noyelles-sur-Mer que nous venons de citer a été percée dans un champ qui sert de pâturage et où l'on manquait d'eau ; la sonde y a atteint le terrain aquifère (la craie) à 17 mètres environ de profondeur, et a ouvert une source abondante de bonne eau qui s'est aussitôt élevée dans les buses. Cette eau est reçue dans un bassin creusé exprès et disposé pour servir d'abreuvoir aux bestiaux ; elle se tient ordinairement à marée basse à la hauteur de 2 mètres au-dessus de la surface du sol, mais à marée haute elle s'élève presque jusqu'au bord du terrain, et un clapet convenablement placé sur l'orifice des buses empêche l'eau de retourner vers sa source et la conserve dans le bassin quand la mer vient à baisser dans la baie de la Somme.

On a observé dans plusieurs localités, et principalement sur la côte de France depuis Dieppe jusqu'à Montreuil, différents faits de cette nature. De nombreuses sources situées sur cette côte ne répandent en effet de l'eau à la surface du sol que lorsque la mer est basse.

En considérant que les eaux douces et limpides se rendent dans la mer à des profondeurs plus ou moins grandes avec une certaine vitesse, ces faits, quelque singuliers qu'ils paraissent, peuvent cependant facilement s'expliquer.

Or, cette vitesse doit nécessairement éprouver un ralentissement lorsque, par l'effet des marées, le niveau des eaux de la mer s'élève, puisque la pression qu'elles exercent aux endroits où s'échappent les eaux douces est alors plus considérable, et par suite de ce ralentissement qu'elles doivent s'exhausser dans les tuyaux à l'aide desquels elles se répandent au jour.

Plusieurs fontaines creusées à Abbeville sont soumises de même à l'influence des marées, mais elles n'en donnent pas moins des eaux douces et parfaitement limpides, malgré les variations que peut éprouver leur niveau, et celles de la mer, auxquelles ces variations sont dues, n'altèrent en rien leur pureté.

NATURE DES ROCHES DANS LESQUELLES ON NE DOIT PAS RECHERCHER DES EAUX JAILLISSANTES.

Pour les recherches des fontaines montantes de fond, toutes autres espèces de roche que le calcaire ne pourraient pas présenter les mêmes avantages. Ainsi on ne doit pas établir de travaux dans les terrains primitifs, tels que les granites, les gneiss, les porphyres, les serpentines, etc, qui presque tous n'offrent que des roches peu fendillée et dont les fentes surtout ne s'étendent qu'à une petite profondeur. On sait par expérience que les eaux que recèlent ces terrains en sortent de tous côtés à une faible distance de la partie supérieure par laquelle elles s'y infiltrent. Les fissures se propagent au contraire à de grandes distances dans les terrains de calcaire, soit en profondeur, soit en largeur ; les eaux peuvent alors circuler avec facilité et se répandre au-dessous des vallées dont le fond est presque toujours recouvert par des terrains d'argile, de sable, de cailloux roulés, etc. Les terrains schisteux renferment des pyrites ferrugineuses, qui se décomposant facilement, communiquent à l'eau qu'on y rencontre l'odeur et le goût du gaz hydrogène sulfuré, ne pourraient par conséquent convenir pour l'établissement des fontaines. On doit donc aussi s'abstenir de faire des recherches dans ces terrains.

Nous terminerons ici toutes les observations et les conséquences que nous avons déduites de l'étude des différents lieux dont nous nous sommes occupés, et nous allons actuellement établir les principes qui doivent guider le sondeur fontainier dans les recherches qu'il peut entreprendre pour découvrir des eaux souterraines.

RECHERCHES DES TERRAINS PROPRES A DONNER NAISSANCE A DES FONTAINES JAILLISSANTES.

Avant de commencer des travaux de sondage pour rechercher des eaux souterraines, il sera nécessaire d'avoir une parfaite connaissance de la constitution tant superficielle qu'intérieure du pays dans lequel ces travaux seront entrepris. Cette constitution devra être reconnue sur la plus grande étendue possible, et l'on devra en même temps recueillir toutes les données qui pourront indiquer qu'elle est la liaison de ce pays ou de ce terrain avec ceux qui l'environent. En parcourant la superficie, on remarquera s'il existe des affleurements de calcaire crayeux dans les parties les plus élevées, ou si la couche de terre végétale dont il peut être recouvert est peu épaisse. Dans le cas où l'on découvrirait de ces affleurements, on examinera les vallées, et l'on s'assurera par quelques sondages provisoires, ou en consultant les couches traversées par les puits les plus profonds du pays, si le calcaire crayeux qui se montre au jour dans les parties élevées, se prolonge au-dessous des terrains de transport dont le fond de ces vallées est ordinairement recouvert. En explorant ainsi un pays, si l'on reconnait qu'il a de très-grands rapports avec ceux dans lesquels on a découvert des fontaines jaillissantes, on pourra se livrer alors aux travaux que leur percement exige. Les indices d'après lesquels ils seront entrepris, indiqueront en effet des terrains propres à la recherche des eaux souterraines, puisqu'ils offriront, d'après ce que nous avons dit dans le chapitre précédent, toutes les conditions qu'exige l'établissement de fontaines jaillissantes ou montantes de fond. Quant à la hauteur de ces eaux dans les tuyaux ou buses à l'aide desquels on les isole du sol environnant, il est impossible de la déterminer à priori, puisqu'elle dépend de la différence qui doit exister entre le point d'où elles commencent à s'infiltrer dans la partie supérieure des roches calcaires, et l'endroit d'où on veut les faire jaillir. Or, comme la hauteur du premier point au-dessus d'un plan horizontal donné reste inconnue, on ne peut avoir sur cet objet que des données très-incertaines, mais elles dépendront toujours de la configuration extérieure du sol.

OBSERVATIONS IMPORTANTES SUR LES CAUSES QUI PEUVENT S'OPPOSER A L'ÉLÉVATION DES EAUX SOUTERRAINES DANS LES TROUS DE SONDE.

Nous devons ici faire observer qu'il peut arriver qu'un trou de sonde tombe sur des fissures remplies d'eau sans que pour cela elle puisse s'élever au delà de quelques mètres de l'endroit où on l'aura rencontrée, quoique cependant ces fissures soient sans cesse entretenues par des eaux provenant d'une très-grande hauteur. En effet si cette eau peut avoir une issue dans une vallée voisine plus profonde que celle dans laquelle on aura établi des travaux de sondage, et que cette issue soit plus petite que la grandeur de ces fissures, il est bien évident que l'eau ne s'élèvera dans le trou de sonde qu'en vertu d'une pression qui sera la différence entre celle qu'elle exercerait contre la couche argileuse si elle n'avait point d'issue et dépendante, dans ce cas, de la hauteur totale de l'eau du réservoir, et celle moins forte due à la vitesse que cette eau acquerrait par suite de l'issue qu'elle pourrait avoir dans une autre vallée plus profonde. Il pourrait même arriver qu'elle ne s'élevât pas dans le trou de sonde, et ce cas aurait lieu si les issues par lesquelles l'eau s'écoulerait étaient de même dimension que les fissures; car alors cette eau en sortirait à pleine gueulebée. D'après ces observations on voit que l'on trouvera avec bien plus de certitude des fontaines jaillissantes dans des pays analogues à ceux qui sont situés au nord-est de la ligne ponctuée *abcd* (*Pl. I*), et dans lesquels les eaux peuvent s'étendre à des distances immenses sous les couches argileuses sans trouver d'issues que dans les pays qui par leur faible étendue ne peuvent empêcher les eaux qu'ils contiennent de se répandre dans quelques vallées voisines plus profondes que celles où sont établis les travaux de recherche : et en effet la vitesse qu'acquièrent ces eaux par la facilité de leur écoulement affaiblit nécessairement la pression qu'elles seraient susceptibles d'exercer en raison de la hauteur de leur chute contre les couches imperméables superposées aux calcaires crayeux.

OBSTACLES QU'OPPOSENT LES CALCAIRES HOMOGÈNES A LA FILTRATION DES EAUX.

Il serait possible, en supposant que les issues naturelles par lesquelles ces eaux pourraient s'écouler fussent très-petites, que les recherches qu'on entreprendrait fussent infructueuses si on se bornait à un seul trou de sonde, mais ce n'est pas une raison de perdre l'espoir de se procurer des fontaines jaillissantes. En effet on peut tomber sur un endroit où les roches calcaires sont très-homogènes et ne contiennent point dans toute l'étendue du trou de sonde des fissures qui puissent donner issue à l'eau dont ces roches sont entourées. Dans le département du Pas-de-Calais plusieurs exemples de ce genre se sont présentés, et nous en citerons un très-remarquable. Un propriétaire de Béthune a fait forer dans un faubourg de cette ville un trou de sonde qui, après avoir traversé 60 à 70 pieds ($19^{m},488$, à $22^{m}736$) de terrains de nouvelle formation et 30 pieds ($9^{m},744$, de calcaire, est tombé sur une source dont les eaux se sont élevées à la surface du sol. Encouragé par ce succès, un autre propriétaire voulut aussi se procurer une fontaine jaillissante sur son habitation attenante à celle où le sondage avait si bien réussi. Il fit en conséquence percer d'abord 70 pieds ($22^{m},736$) de terrains composés de sable d'argile grise contenant une grande quantité de pyrites, ensuite 105 pieds ($34^{m},104$) de calcaire que l'on avait rencontré, comme on voit, à la même profondeur dans le premier sondage, mais on ne put se procurer d'eau quoiqu'on eût traversé 175 pieds ($56^{m},84$) de terrain de différentes natures. Découragé, et ne pouvant expliquer l'anomalie qui paraissait exister entre deux terrains dont les caractères étaient les mêmes, ce propriétaire a totalement abandonné les travaux qu'il avait entrepris.

RÉFLEXIONS SUR LES DIFFÉRENTES PARTIES DU SOL D'OU PROVIENDRAIENT LES EAUX SOUTERRAINES QU'ON POURRAIT RENCONTRER AU-DESSOUS DE LA SURFACE INFÉRIEURE D'UNE COUCHE ARGILEUSE.

Nous venons de rapporter un exemple qui prouve que si l'on n'a pas eu d'eau à 175 pieds (56^{m},84) au-dessous de la surface du sol, lorsqu'à une profondeur beaucoup moins grande on s'en est procuré presque dans le même endroit, c'est parce que le trou de sonde a été pratiqué dans un calcaire homogène sans fissure. Peut-être cependant eût-il été possible de rencontrer une couche argileuse ou au moins sensiblement imperméable au-dessous de laquelle se seraient trouvées des eaux susceptibles de s'élever jusqu'à la hauteur du sol, si l'on eût continué l'approfondissement. Mais il faut remarquer qu'elles ne pourraient provenir que d'endroits plus éloignés que ceux d'où s'écoulent les eaux ramenées au jour par le sondage dont nous avons fait mention dans le paragraphe précédent, et en effet s'il en existait au-dessous de cette couche argileuse, ce ne serait que parce que les bancs de calcaire qu'elle recouvre en recevraient par suite de la position favorable de leurs affleurements au jour des pluies des ravins, etc. Or cette couche argileuse pouvant descendre des lieux élevés et se propager au-dessous d'une ou de plusieurs vallées, il est évident que les eaux situées au-dessous d'elle ne pourraient provenir que du calcaire sur lequel elle repose, et non sur celui qui lui est supérieur, puisque en raison de son imperméabilité elle ne pourrait leur livrer passage. Ce que nous avançons ici paraîtra d'autant plus probable que les sondages entrepris à Blengel (*Voir les pl. I et VI*) ont donné la preuve que toute la masse de calcaire crayeux *fghk* ne contenait point d'eau, et qu'il ne s'en trouvait qu'à la jonction de la couche argileuse *abcd* avec d'autre calcaire situé au-dessous d'elle. Il est évident, dans ce cas, que cette eau ne pouvait avoir d'issue avec le terrain supérieur, puisque la couche argileuse *abcd*, qui peut-être s'étend à une grande distance et remonte insensiblement jusqu'à l'endroit où le calcaire qu'elle recouvre se montre au jour, s'opposait à ce que cette eau refluât dans la masse *fghk*.

RAISONS POUR LESQUELLES ON DOIT POURSUIVRE L'APPROFONDISSEMENT DU TROU DE SONDE DANS LES ROCHES DE CRAIE JUSQU'A CE QU'ELLES ÉPROUVENT QUELQUE VARIATION DANS LEUR NATURE.

Règle générale : Il sera nécessaire d'enfoncer la sonde dans le calcaire crayeux, toutes les fois qu'on en trouvera de très-homogène jusqu'à ce qu'il éprouve quelque variation dans sa nature, car on sait par expérience que c'est presque toujours à la superposition des différents terrains les uns sur les autres que se rencontrent les eaux souterraines. Leur infiltration devient en effet facile par les vides ou les fissures que produit cette superposition. C'est même à cette cause qu'on doit attribuer l'augmentation qu'éprouve le volume d'eau produit lorsqu'on arrive à la jonction des lits de calcaire et des petits bancs de silex. En supposant donc qu'on trouve, en perçant de quelques pieds le calcaire crayeux, de l'eau qui puisse se répandre à la surface du sol, on est presque certain que le volume en deviendra plus considérable si, en continuant l'approfondissement du trou de sonde, on rencontre de petits lits de cailloux analogues à ceux que contiennent les terrains représentés dans les *pl. II, III, IV, V et VI.*

CONSÉQUENCES DÉDUITES DES LIEUX EXPLORÉS.

Toutes les fois qu'un pays ne présentera pas les caractères géologiques dont nous avons parlé dans ce chapitre et dans le précédent, on devra s'abstenir alors d'y rechercher des eaux souterraines, puisque les terrains dont il serait composé ne présenteraient pas de couches perméables à l'eau contenue entre d'autres couches sensiblement imperméables.

APERÇU DES DÉPENSES QUE PEUT OCCASIONNER L'ÉTABLISSEMENT DES FONTAINES JAILLISSANTES.

Ces dépenses dépendent évidemment de la nature des terrains que l'on doit traverser ; on conçoit qu'il est d'autant plus difficile d'en établir avec une certaine précision le montant, que souvent une très-légère différence entre l'épaisseur et la cohésion des couches de sable qu'on rencontre en apporte une très-grande dans le temps qu'on doit mettre à les traverser, et quelquefois il arrive que ces dépenses sont telles qu'elles ne permettent pas de continuer les travaux.

Ainsi, par exemple, la fontaine que l'on a creusée dans la ville d'Ardres, et que l'on a approfondie jusqu'à 145 pieds($47^m,10$) (*Voir la fig.* 3 *de la pl. II*), dans des terrains argileux et calcaires, et entremêlés de quelques couches de sable et de cailloux, a coûté, pour le forage, l'achat et l'enfoncement des coffres 1,600 francs, tandis qu'il faudrait au moins dépenser 8 ou 9,000 francs, si l'on devait traverser 380 pieds ($123^m,43$) de terrains composés des couches suivantes :

Sables sans consistance mêlés de cailloux.	130 p.,	$42^m,23$
Argiles dures et compactes contenant par groupes des pyrites ferrugineuses.	100 p.,	$32^m,48$
Calcaires crayeux avec silex pyromaques.	150 p.,	$48^m,72$

Quant aux dépenses qu'occasionneraient des terrains qui seraient principalement composés de terre végétale, d'argile et de quelques faibles couches de sable et de cailloux, comme ceux que représentent les *fig.* 4 *et* 5 *de la pl. III*, elles seraient peu considérables, et nous pensons que si le sondage ne devait atteindre qu'une profondeur de 120 à 130 pieds ($38^m,98$ à $42^m,23$), et qu'on n'eût besoin que d'enfoncer des coffres de 45 à 50 pieds ($14^m,418$ à $16^m,242$), l'établissement des fontaines n'exigerait pas une somme de plus de 700 francs, compris l'achat des buses et des coffres.

Si les eaux que l'on cherche à ramener à la surface du sol existaient à 80 pieds ($25^m,98$) de profondeur, et que l'on ne fût obligé, pour atteindre le calcaire crayeux, que de traverser des terrains d'une nature argileuse, quatre ouvriers pourraient en six ou sept jours exécuter le travail qu'entraînerait l'établissement d'une fontaine dans un semblable terrain, et la dépense s'élèverait tout au plus à la somme de 150 francs.

Pour donner un exemple de la manière dont les dépenses s'accroissent, lorsque les terrains deviennent plus difficiles à traverser, nous ferons connaître ici le résultat d'un sondage que l'on a entrepris dans la ville de Roubaix, département du Nord.

Les terrains que l'on a traversés sont ainsi composés, à partir de la surface du sol :

	pieds.	pouces.	mètres.
Argile	18	4	5,95
Sable jaune.	4	7	1,49
Argile.	55	»	17,87
Sables sans consistance.	20	2	6,55
Sable dur et sec.	8	3	2,68
Dito.	3	8	1,19
Sable sans consistance.	2	9	0,89
Argile mêlée de sable.	38	6	12,51
Sable sans consistance.	4	7	1,49
Epaisseur totale des terrains.	155	10	50,62

Comme, avant de commencer ce sondage, on avait ouvert un puits de 22 pieds 11 pouces (7^m,445) de profondeur, sur 4 pieds 7 pouces (1^m,489) de largeur, on n'a alors enfoncé des coffres qu'à partir de la base inférieure de ce puits.

Le premier de ces coffres avait 1 pied 7 pouces (0^m,514) de vide, et 32 pieds 1 pouce (10^m,44) de longueur.

Le deuxième, 1 pied 1 pouce (0^m,352) de vide, et 78 pieds 10 pouces (25^m,61) de longueur.

Et le troisième, 8 pouces (0^m,217) de vide, et 83 pieds 5 pouces (27^m,09) de longueur.

Ainsi ces trois coffres, qui étaient composés de madriers d'orme de 1 pouce (0^m,027) d'épaisseur, sont parvenus à une profondeur totale au-dessous de la surface du sol de 106 pieds 4 pouces (34^m,54), et, comme le troisième n'a pu être plus profondément enfoncé, on a continué le sondage jusqu'à 155 pieds 10 pouces (55^m,62), en ne se servant que d'outils d'un diamètre de 3 pouces (0^m,081). Mais, à partir de cette profondeur, le trou foré par suite d'un éboulement qui s'est opéré le long de ses parois s'étant rempli sur une hauteur de 45 pieds 10 pouces (14^m,889), ce sondage n'a pas été poursuivi. La constance des terrains de sable a d'ailleurs fait perdre au chef-ouvrier l'espérance d'arriver jusqu'au calcaire crayeux qui, d'après les probabilités que l'on déduit des lieux environnants, doit exister au-dessous des terrains de nouvelle formation que l'on a traversés.

Ce sondage a exigé deux mois et demi de travail, et a coûté pour la main d'œuvre, compris le chef-ouvrier qui dirigeait les opérations. . . . . 1200 fr.

Et pour les coffres. 800

Il faut encore ajouter à cette somme les frais de voyage de deux ouvriers, le transport d'instruments et l'établissement de pompes en bois dont il a fallu se servir pour épuiser les eaux du puits dans lequel les coffres ont été enfoncés. Ces frais se sont élevés à 696

Total 2696 fr.

Un propriétaire du village de Gonéhem, arrondissement de Béthune (Pas-de-Calais), a fait percer quatre fontaines dans une prairie située près de ce village, qui lui ont procuré des eaux très-limpides.

Ces fontaines ont été creusées à une profondeur de 140 pieds (45^m,48) environ; elles ont exigé chacune à peu près dix jours de travail de quatre ouvriers, et ont coûté terme moyen 300 francs.

Les terrains que la sonde a traversés sont ainsi composés :

	pieds.	mètres.
Terre végétale.	20	6,497
Sable.	30	9,745
Argile assez homogène.	60	19,490
Craie reconnue sur une épaisseur de	30	9,745

La partie de l'arrondissement de Béthune, connue sous le nom de Bas Pays, où se trouve situé le village de Gonéhem, dans lequel ces fontaines ont été établies, est tellement horizontale que les eaux ne s'écoulent qu'avec une extrême lenteur. Aussi l'aspect de ce pays, si varié dans ses productions, étonne singulièrement les étrangers qui le parcourent et qui, se trouvant toujours au centre d'un vaste horizon, ne peuvent s'expliquer d'où proviennent les eaux que la sonde du mineur y fait sans cesse découvrir. Ces eaux, qui s'élancent d'une profondeur de 150 à 300 pieds (48^m, 73 à 97^m,452), s'élèvent presque toujours à la surface du sol et s'y répandent en gros bouillons, ou, au moyen de petits ajutages placés sur les buses, en gerbes d'une admirable limpidité.

Nous croyons utile de consigner ici les résultats suivants recueillis d'un sondage très-bien conduit, et ils nous mettront à même de faire quelques observations sur l'approfondissement journalier auquel on peut parvenir dans le calcaire crayeux.

	pieds	pouc.	lig.	mètres.
Ce sondage avait d'abord atteint une profondeur de.	138	5	6	44,977

On continua le travail dans la journée; on remonta quatre fois la sonde qui s'enfonça des quantités variables suivantes :

	pouces.	lignes.	mètres.
1°	14	»	0,379
2°	8	»	0,217
3°	6	»	0,162
4°	6	6	0,176

On eut beaucoup de peine pour traverser vers la fin de la journée, sur une hauteur de 6 pouces 6 lignes (0^m, 176), le calcaire jaunâtre, mais toujours crayeux, dans lequel on travaillait, et il était tellement dur et compacte qu'il fallut mettre sept hommes à la manivelle pour la faire tourner.

	pieds.	pouc.	mètres.
Le deuxième jour, avant de commencer le travail, on était à.	141	4	45,91
On continua de traverser des bancs de calcaire jaunâtre, et l'on s'enfonça dans la journée de 4 pieds (1^m,299).			
Le troisième jour, au matin, on était à.	145	4	47,534
On traversa des bancs de marne grise-jaunâtre, et l'on s'enfonça de 2 pieds 8 pouces (0^m, 866).			
Le quatrième jour, au matin, on était à.	148	»	48,40
On traversa du calcaire crayeux d'une couleur blanc foncée, et dans			

la journée la sonde s'enfonça de 2 pieds 9 pouces (0m,893).			
Le cinquième jour on était à. . .	150	9	49,29
On traversa 2 pieds 4 pouces (0m,758) de calcaire semblable au précédent.			
Ainsi, à la fin de la journée, on avait atteint une profondeur totale de.	153	1	50,05
A partir du sixième jour jusqu'au quinzième, on a toujours sondé dans le calcaire crayeux bleuâtre, et l'on s'est arrêté à la profondeur de. . . .	176	3	57,57

D'après ce que nous venons de rapporter on voit que le trou de sonde a été approfondi à partir de 138 pieds 5 pouces 6 lignes (44m,977) au-dessous de la surface du sol,

		pieds.	pouces.	lignes.	mètres.
Le 1er jour	de	2	10	6	0,884
Le 2e	de	4	»	»	1,299
Le 3e	de	2	8	»	0,866
Le 4e	de	2	9	»	0,893
Le 5e	de	2	4	»	0,758
Et du 6e au 15e	de	23	2	»	7,726

Ainsi l'approfondissement a été, terme moyen, par jour, de 2 pieds 4 pouces (0m,758). Pendant cet approfondissement le maître sondeur et quatre manœuvres ont été constamment employés à faire tourner la manivelle.

Comme ce trou de sonde, à partir de la profondeur de 138 pieds 5 pouces 6 lignes (44m,977), a été repris sur une hauteur de 37 pieds 7 pouces 6 lignes (12m,22) pour lui donner un diamètre de 8 pouces (0m,22), afin de se procurer une plus grande masse d'eau, et que chaque jour la sonde s'enfonçait, terme moyen, de 5 pieds 6 pouces (1m,787), il s'ensuit qu'on peut, à partir d'une profondeur de 140 pieds (45m,48) environ au-dessous de la surface du sol, approfondir de près de 2 pieds (0m,65) par jour jusqu'à 180 pieds (58m,50) un trou de sonde de 8 pouces (0m,22) de diamètre dans un calcaire crayeux compacte et homogène.

Lorsque ces calcaires ne sont pas trop durs et qu'on

ne rencontre pas de cailloux, on peut facilement approfondir par jour de 3 pieds (1^{m}) environ un trou de sonde de 3 pouces (0^{m},081) de diamètre, déjà parvenu à 300 pieds (97^{m},452) au-dessous de la surface du sol.

Le chef ouvrier qui a entrepris le sondage dont nous venons de faire mention était convenu avec le propriétaire qui l'employait qu'il recevrait 4 fr. par pied courant jusqu'à 200 pieds (64^{m},968) : or, comme à 150 pieds (48^{m},73) cet ouvrier pouvait, chaque jour, approfondir le trou de sonde de 2 pieds (0^{m},65) environ sur 8 pouces (0^{m},22) de diamètre, et qu'il recevait 8 fr. pour ce travail, il lui restait encore, après avoir payé les quatre ouvriers qu'il employait à raison de 1 fr. 20 c., un bénéfice net de 3 fr. 20 c.

En général, lorsque les terrains dans lesquels on doit rechercher des eaux ne sont principalement composés que de couches argileuses plus ou moins compactes et de calcaire crayeux, les ouvriers sondeurs prennent les travaux à prix fait ; ils demandent ordinairement 3 fr. par pied (0^{m},325) jusqu'à 100 pieds (32^{m},484) ; 3 fr. 50 c. depuis 100 pieds (32^{m},484) jusqu'à 125 pieds (40^{m},60) ; 4 fr. depuis 125 pieds (40^{m},60) jusqu'à 150 pieds (48^{m},73) ; 4 fr. 50 c. depuis 150 pieds (48^{m},73) jusqu'à 175 pieds (56^{m},847), et 5 fr. depuis cette profondeur jusqu'à celle de 200 pieds (64^{m},97).

Lorsqu'ils doivent se transporter dans les différentes parties de la France ils demandent 8 à 10 francs par jour, et veulent en outre qu'on leur fournisse les ouvriers dont ils ont besoin et qu'on leur paye leurs frais de voyage.

Comme on ne peut déterminer d'avance à quelle distance se trouve la source que l'on cherche, ni ce qu'elle produira, ni ce qu'elle coûtera, il faut avant de commencer des travaux dispendieux résoudre approximativement sur ces matières la question d'intérêt pécuniaire ou industriel. Je dis qu'il faut résoudre approximativement cette question, parce que l'on ne peut exiger de personne un engagement pris sur de tels sujets. Aussi le fontainier prudent qui veut traiter d'un forage et de tous ses accessoires doit-il, dans l'estimation des frais de sondage, prendre ses coudées franches : il faut pour ne pas perdre qu'il s'expose à gagner beaucoup. Le propriétaire ou la commune qui traite avec lui doit, de son côté, s'attendre à ce que le sacrifice qu'elle veut faire sera excédé d'un cinquième ou d'un quart par des pertes imprévues.

Le mécanicien fontainier peut aisément évaluer tout ce qu'il en coûtera pour les tuyaux, les bassins, les moteurs quels qu'ils soient, et l'on doit à cet égard tenir rigoureusement à l'exécution des conventions arrêtées; mais quant aux opérations de sondage il doit toujours dans le prix y avoir quelque chose d'aléatoire de la part des parties contractantes.

Les traités se font ordinairement, comme nous l'avons dit, à tant le mètre de profondeur ou à forfait. Dans le premier cas les chances sont partagées, dans le second elles sont presque toutes contre l'entrepreneur fontainier; car la personne qui traite avec lui connaît à l'avance le sacrifice qu'elle veut faire, et le fontainier ignore complétement ceux qu'il peut avoir à supporter. Cependant comme il traite presque toujours en même temps avec plusieurs personnes, ils faudrait un concours de circonstances bien extraordinaires pour qu'il ne courût pas en même temps des chances de gain et de perte.

SAINT-CLOUD. — IMPRIMERIE DE BELIN-MANDAR.

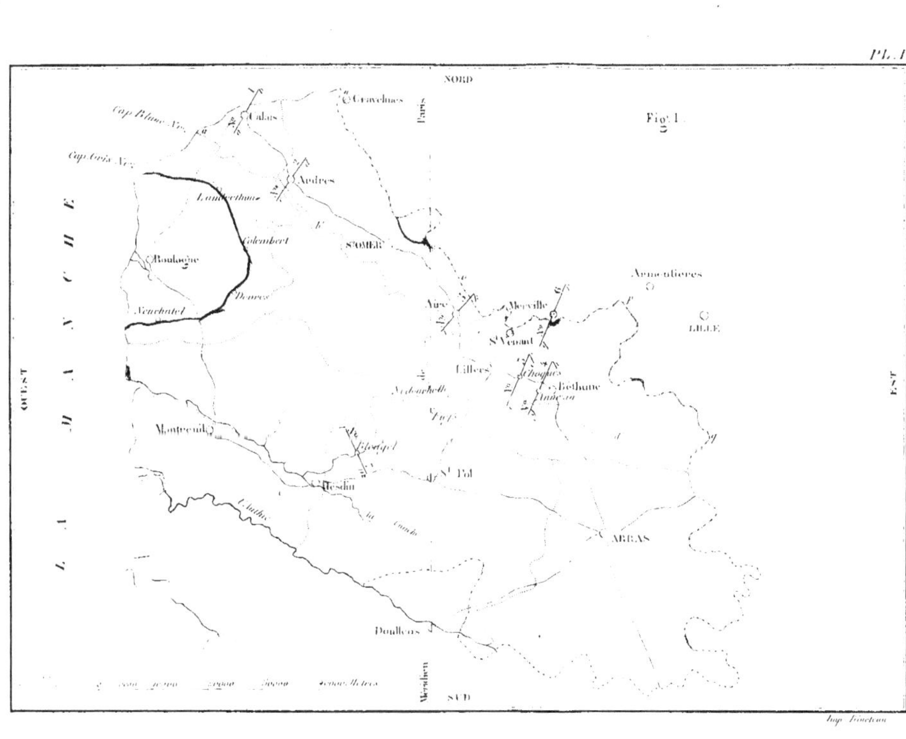
NORD
Fig. 1.
Gravelines
Paris
Cap Blanc Nez
Calais
Cap Gris Nez
Ardres
Colembert
St OMER
Boulogne
Desvres
Neuchatel
Armentières
LILLE
Aire
Merville
St Venant
Lillers
Chocques
Béthune
OUEST
LA MANCHE
EST
Montreuil
St Pol
Hesdin
ARRAS
Doullens
Méridien
SUD

PL. 2.

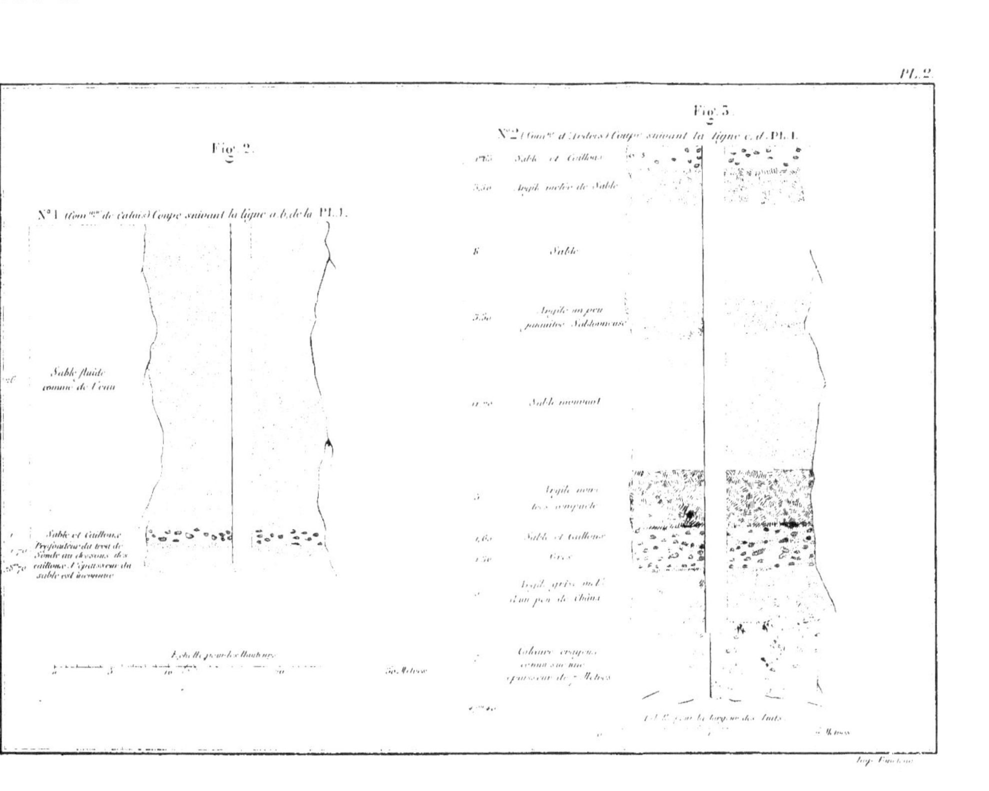

Imp. Fontaine

Fig. 4

N° 4 (Com.ne d'Anne...) Coupe suivant la ligne g, h, Pl. 1.

3m,70	Terre végétale
5,30	Cailloux avec un peu de Sable
25	Argile tantôt noire tantôt grise et toujours très dure
12	Calcaire crayeux reconnu sur une épaiss.r de 12m
46m	

Echelle pour les Hauteurs

0 5 10 20 30 Mètres

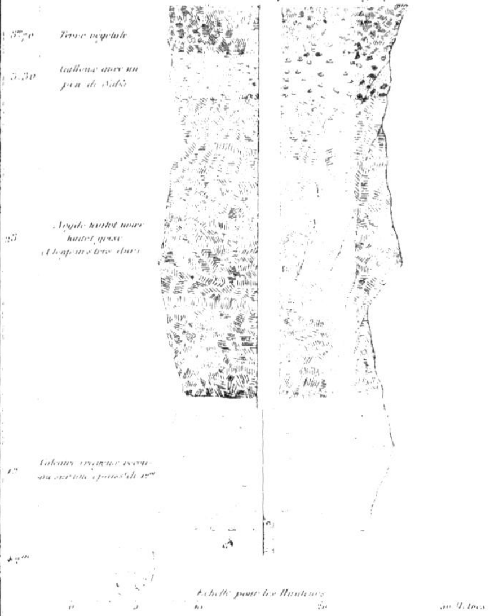

Fig. 5.

N° 5 (Com.ne de Chigny) Coupe suivant la ligne e, f, Pl. 1.

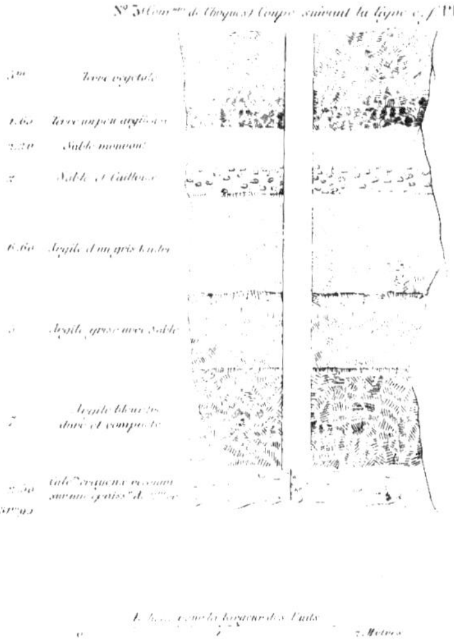

5m	Terre végétale
1.65	Terre un peu argileuse
2.20	Sable mouvant
2	Sable et Cailloux
6.60	Argile d'un gris foncé
5	Argile grise avec Sable
7	Argile bleuâtre dure et compacte
2.50	Calc.re crayeux reconnu sur une épaiss.r de 2m,50
31m,95	

Echelle pour la largeur des Puits

0 1 2 Mètres

Imp. [illegible]

Pl. 4

Fig. 6.

N° 5 (Comm.ne d'Aire) Coupe de terrain suivant la ligne i.k. de la Pl. 1.

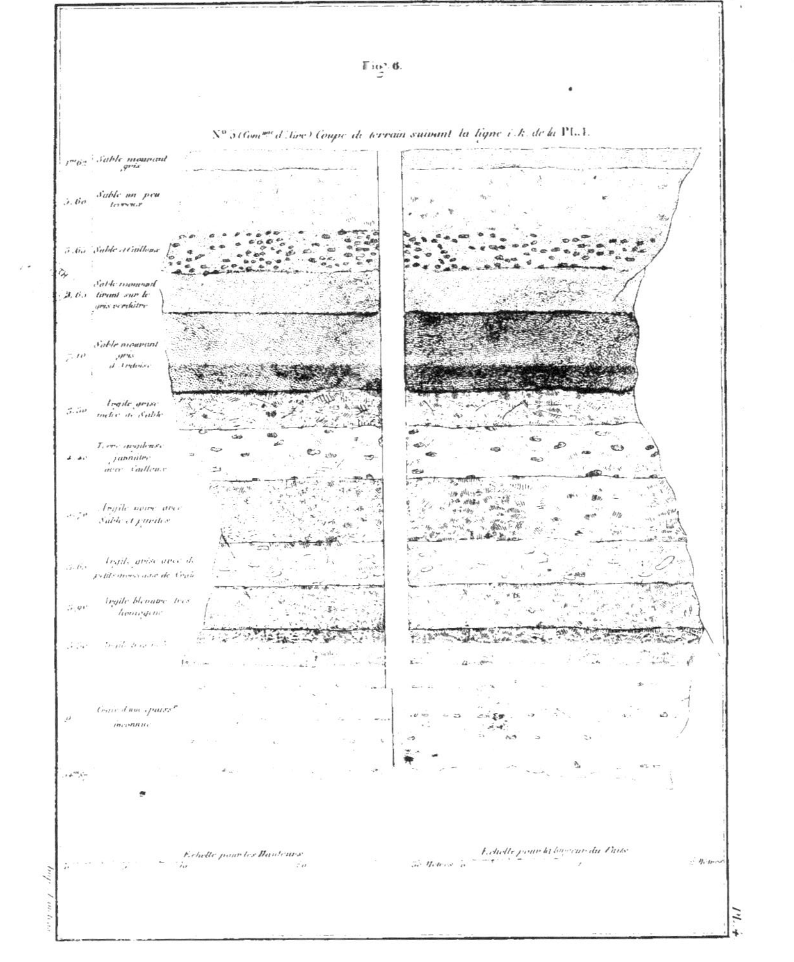

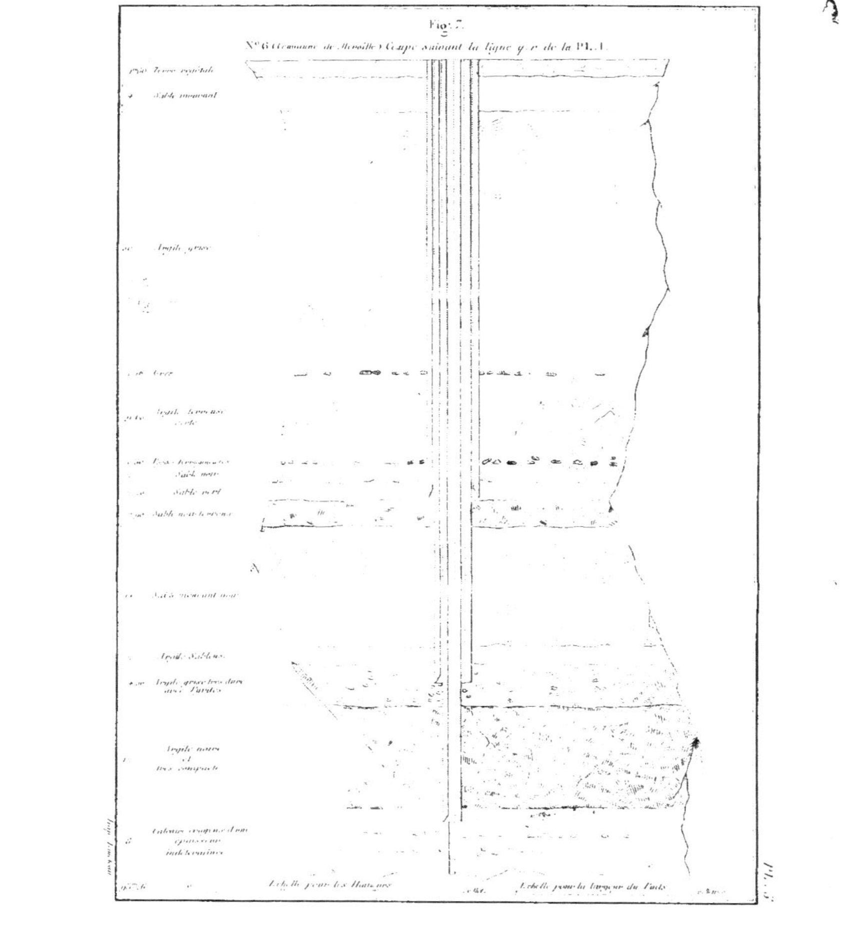
Pl. 3
Fig. 7.
N° 6 (Commune de Meroille) Coupe suivant la ligne y z de la Pl. 1
Terre végétale
Sable mouvant
Argile grise
Grès
Argile ferrugineuse
Sable noir
Sable vert
Argile Sableuse
Argile grise très dure avec Pyrites
Argile noire et très compacte
Calcaire crayeux d'une épaisseur indéterminée
Echelle pour les Hauteurs
Echelle pour la largeur du Puits
Imp. Lemercier

Fig. 8.

N° 7 (Commune de Flagey) Coupe suivant la ligne l.m. de la Pl. 1re

1er Puits

2me Puits

3me Puits

1m 30 Argile grise

2.50 Argile grise moins foncée que la précédente

28.30 Calcaire crayeux

3.20 Argile bleuâtre

35.30 Calcaire crayeux d'une épaisseur inconnue

Echelle pour les Hauteurs

0 5 10 20 30 Metres

Echelle pour la largeur des Puits

0 1 2 Metres

Imp. Pinteau

www.ingramcontent.com/pod-product-compliance
Ingram Content Group UK Ltd.
Pitfield, Milton Keynes, MK11 3LW, UK
UKHW021059270726
13994UKWH00009B/1679

9 782329 370163